Armin Täubner

Mäuseherbst

Fensterbilder aus Tonkarton

frechverlag

Im Frech-Verlag sind von Armin Täubner viele weitere Bücher zum Thema „Basteln mit Tonkarton“ erschienen.

TOPP 1808

TOPP 1707

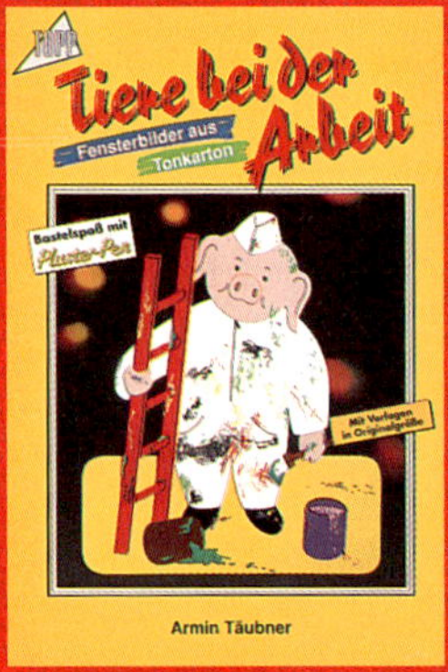

TOPP 1658

TOPP 1695

Fotos: frechverlag GmbH + Co. Druck KG, 70499 Stuttgart; Birgitt Gutermuth

Auflage:	5.	4.	3.	2.	1.	Letzte Zahlen
Jahr:	1998	97	96	95	94	maßgebend

frechverlag GmbH + Co. Druck KG, 70499 Stuttgart

ISBN 3-7724-1830-9 · Best.-Nr. 1830

Druck: frechverlag GmbH + Co. Druck KG, 70499 Stuttgart

Die Wälder sind bunt geworden.
Emsig wühlen die Mäuse im farbenprächtigen Herbstlaub, lassen Drachen steigen oder fahren im Rindenboot, immer auf der Suche nach Leckereien.

Und was bieten Wald und Flur im Herbst den kleinen Kerlchen nicht alles an? Birnen, Pflaumen, Kastanien, Nüsse und Eicheln, die im Rucksack gesammelt werden, oder Trauben und Äpfel, die auch mal als Schaukel dienen.

Sogar dem Herbststurm und dem Regen schlagen die einfallsreichen Gesellen ein Schnippchen.
Wie? Das werden Ihnen die Mäuse gleich selbst erklären.

Also hinein ins herbstliche Schlaraffenland! Und dann kann auch der Winter kommen, die Vorratskammer ist gefüllt.

Finden Sie nicht auch, daß der Herbst eine herrliche Jahreszeit ist?

Schritt-für-Schritt-Anleitung

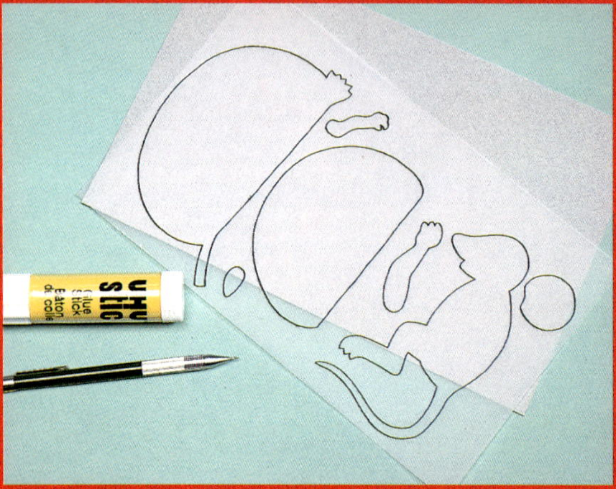

1. Pausen Sie sämtliche Teile des Motivs nebeneinander und ohne Überschneidungen mit Bleistift auf Butterbrotpapier ab. Anschließend kleben Sie das Butterbrotpapier auf dünnen Karton.

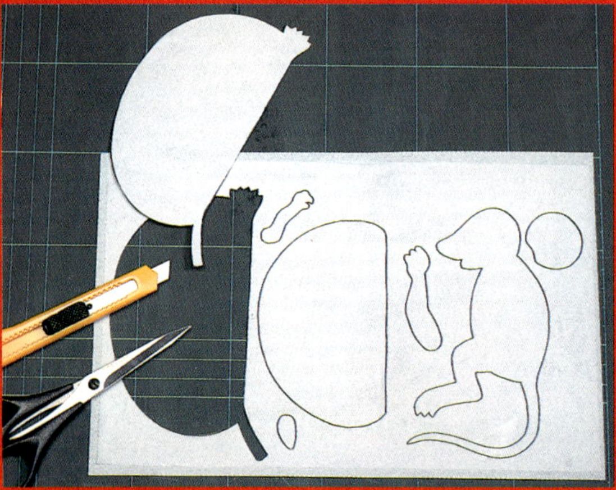

2. Die Teile werden mit Schere und/oder Cutter exakt ausgeschnitten.

3. Legen Sie diese Schablonen auf Tonkarton in der entsprechenden Farbe und zeichnen Sie dann die Konturen mit Bleistift nach. Schneiden Sie nun die Teile in der benötigten Anzahl aus.

4. Es folgt das Zusammenkleben der Teile zum Fensterbild und die Bemalung mit Tuschefüller, Filzstiften und Pluster-Pen.

5. Plustern
Nach dem Auftragen fönen Sie die Plusterfarbe schräg von der Seite. Durch die Hitzeeinwirkung quillt die Farbe auf.
Wenn Sie die Farbe vor dem Fönen trocknen lassen, ist der Plustereffekt geringer.

Gestaltung von Vorder- und Rückseite des Fensterbildes

Im Buch wird stets nur beschrieben, wie die Vorderseite des Fensterbildes gearbeitet wird.
Bei frei hängenden Motiven sollten Sie beide Seiten gestalten. Dazu werden die meisten Teile doppelt ausgeschnitten und in derselben Reihenfolge wie auf der Vorderseite, jedoch spiegelverkehrt, angeklebt.

Auf der Apfelschaukel

Am roten Apfelteil (durchgezogene Linie) malen Sie die beiden durch punktierte Linien getrennten Enden (Stiel und Blütenansatz) mit Filzstift oder Tuschefüller schwarz an.
Nun kleben Sie das gelbe Apfelteil (gestrichelte Linie) auf.
Zeichnen Sie mit Schwarz die Kontur des Kernhauses ein (punktierte Linie), und befestigen Sie einen Kern sowie die grüne Raupe.
Vorderbein und Ohren der Maus bringen Sie jetzt am Mäusekörper an.
Geben Sie Maus und Raupe ein Gesicht!
Zuletzt plazieren Sie die Maus auf der Apfelschaukel.

Absturz!

Auf die hellbraune Mäusewohnung (gestrichelte Linie) kleben Sie das kleine Aststück (links), das große Grasbüschel (durchgezogene Linie), die Tür- und die Fensteröffnung sowie das kleine Grasbüschel (links unten).
Nun wird das dunkelbraune Treppenteil (durchgezogene Linie) auf dem hellbraunen Teil befestigt. Darauf fixieren Sie das mittelgroße Grasbüschel mit dem Baum (gepunktete Linie).
Die Pilze werden zu beiden Seiten des Fensterbildes gruppiert.
Einer Maus setzen Sie den Rückenkorb auf. Anschließend bringen Sie die Ohren und die ausgestreckten Vorderbeine an.
Die andere Maus hat angewinkelte Vorderbeine.
Geben Sie den beiden den zur Haltung passenden Gesichtsausdruck!
Zuletzt ordnen Sie die Mäuse, Beeren und Eicheln wie auf der Abbildung auf dem Fensterbild an.

Reiche Beute

Am Körper der linken Maus befestigen Sie zuerst den Rucksack, dann das linke Vorderbein und die Ohren.
Bei der anderen Maus bringen Sie die Vorderbeine an und schieben eine Beere zwischen die Pfoten.
Nun die Gesichter und die Trennlinien aufmalen.
Die drei Grasbüschel fixieren Sie am Erdhügel und plazieren die Mäuse zusammen mit einigen Beeren und Eicheln auf der Grünfläche.
Abschließend überarbeiten Sie das Fensterbild mit Pluster-Pen.

Stachelige Hülle – glänzender Kern

Fixieren Sie am Mäusekörper Ohren und Vorderbein.
Die angeknabberte Kastanie kleben Sie von hinten an die Vorderpfote.
Nun malen Sie das Gesicht auf.
An der grünen Kastanienschale befestigen Sie von hinten die hellere Innenseite (punktierte Linie).
Nun setzen Sie ebenfalls von hinten die Maus in die Schale.
Zum Schluß zeichnen Sie mit Tusche noch einige Stacheln auf die Schale und einige Linien auf die helle Innenseite der Kastanie.

Trauben-lese

Die Mäuse erhalten Ohren und Gesichter, bevor sie auf die Traubenform (punktierte Linie) geklebt werden.
Anschließend kleben Sie Stiel und Weinbeeren so auf, daß die Mäusekörper und der Stielansatz teilweise bedeckt sind.
Zuletzt bringen Sie die Vorderbeine an und verzieren mit Tusche den Stiel.

Ganz für mich allein!

Den runden Rahmen zeichnen Sie mit dem Zirkel.
Bringen Sie Ohren und Vorderbeine am Mäusekörper an.
Als nächstes wird das Gesicht aufgemalt.
Kleben Sie dann Maus und Pflaume auf den runden Rahmen.

Lustige Bootsfahrt

Das Herbstblatt wird als Segel auf dem Rindenboot befestigt.
Mit Tuschefüller die Blattadern und die Rindenstruktur aufmalen.
Kleben Sie bei der Maus Ohren und Vorderbeine an, und malen Sie ihr Gesicht auf.
Zusammen mit der Schnecke und einigen Eicheln und Beeren als Proviant wird die Maus auf das Rindenschiff gestellt, und zwar so, daß sie das Segel zwischen den Pfoten hält.

Die weißen Wellen deuten Sie mit Relief-Glanzfarbe, z.B. Tulip Slick, an.

Birnen hab' ich zum Fressen gern!

Zuerst wird das Vorderbein (durchgezogene Linie) am Mäuserumpf befestigt.
Nun den Mäusekopf von hinten durch die große Öffnung in der Birne, den Schwanz durch die kleine Öffnung schieben.
Jetzt können Sie Vorderpfote und Ohren ankleben. Anschließend wird das Gesicht aufgemalt.
Den Birnenstiel bringen Sie von hinten, die Blätter von vorne an der Birne an.
Von hinten befestigen Sie auch das weiße Fruchtfleisch (gestrichelte Linie).
Mit Tuschefüller und einem dunkelgrünen Filzstift malen Sie den Stiel an und zeichnen die Blattadern auf.
Zusätzlich auf die Frucht noch rote Filzstift-Punkte auftupfen.
Zuletzt werden die Gucklöcher mit Pluster-Pen umrahmt.

Wer hat das Dach angenagt?

Zuerst kleben Sie den kleinen Pilz zusammen.
Dann stecken Sie den Mäusekörper durch die Öffnung im großen Pilzhut.
Jetzt wird der große Pilzhut am Stiel befestigt.
Nun kleben Sie den kleinen Pilz so unter die Maus, daß diese auf dem Pilzhut steht.
Bringen Sie dann Vorderbein und Ohren an, und malen Sie das Gesicht sowie die Trennlinien auf.
Kleben Sie die zweiteilige Schnecke zusammen, und setzen Sie sie der Maus gegenüber.
Mit Tusche zeichnen Sie Gesicht, Rundung des Schneckenhauses und Punkte auf dem Bauch ein.
Nun die Pilze zusammen mit einigen bunten Blättern auf der Grünfläche plazieren.
Mit Tuschefüller Blattadern aufmalen und die Kontur des Grasbüschels mit Pluster-Pen nachziehen.

Gleich ist die Nuß geknackt!

Am braunen Bodenteil befestigen Sie Grasbüschel und buntes Herbstlaub. Bringen Sie die Ohren und Vorderbeine an den beiden Mäusekörpern an. Bei der rechten Maus den Hammer zwischen die Pfötchen schieben, bei der linken den Ast an der rechten Vorderpfote befestigen. Mit Tuschefüller malen Sie die Gesichter, die Trennlinien an den Hinterbeinen sowie die Blattadern auf. Gruppieren Sie abschließend die Mäuse samt Werkzeug, Nüssen, Beeren und einer Eichel im Vordergrund des Fensterbildes.

Ich baue mir ein Blätter-Bett!

Die ineinander verschlungenen Wurzeln werden auf die Bodenfläche geklebt.
Bei der linken Maus bringen Sie Ohren und Vorderbeine, bei der rechten außer den Ohren ein Vorder- und ein Hinterbein an.
Mit Tuschefüller malen Sie dann Mäusegesichter, Blattadern und Rindenstrukturen auf.
Jetzt setzen Sie die linke Maus zwischen bunte Blätter in ihr Laub-Bett, der anderen Maus geben Sie ein Ahornblatt in die Pfote.

So ein Sauwetter!

Den Himmelsbogen zeichnen Sie mit einem Zirkel (in das kleine Kreuz einstechen).
Am Himmelsbogen bringen Sie dann die Wolken, den Blitz und die Bodenfläche an.
Auf der Bodenfläche plazieren Sie die fünf Pilze wie auf der Abbildung.
Beim sechsten Pilz, dem Schirm, kleben Sie das Stielteil (gestrichelte Linie) von vorne auf den Hut (punktierte Linie).
Mit Tuschefüller zeichnen Sie dann die Lamellen (durchgezogene Linien) auf die helle Unterseite des Pilzhutes.
Die Maus bekommt Ohren und Vorderbeine. Anschließend geben Sie ihr ein Gesicht.
Nun kann die Maus den letzten Pilz schultern und über den schlammigen Boden stapfen.
Den Schlamm stellen Sie mit Pluster-Pen her.

Kürbis-geister

Aus dem orangefarbenen Kürbis das Gesicht herausschneiden und die geschwungenen, von oben nach unten verlaufenden schwarzen Linien aufmalen. Kleben Sie den Kürbisstiel an.
Die Mäuse befestigen Sie von hinten so am Kürbis, daß Körper und Schwänze aus den Öffnungen des ausgeschnittenen Kürbisgesichts herausragen.
Jetzt fixieren Sie das Vorderbein bzw. die Pfote sowie die Ohren und malen die Mäusegesichter auf.
Von hinten bringen Sie ein gelbes Stück Tonkarton am Kürbis an, dessen Umriß ein wenig kleiner ist als der der orangefarbenen Kürbishülle.
Wenn Sie mögen, plustern Sie noch die Konturen der Öffnungen.

Jetzt kann der Winter kommen

Auf dem Dach der Mäusewohnung (gestrichelte Linie) befestigen Sie zuerst das kleine, dann das große Grasbüschel.
Nun wird der dunkle Türrahmen (Strich-Punkt-Linie) und darauf die Tür (gestrichelte Linie) angebracht. Den Verlauf der Bretter, die Holzmaserung, Türangeln und -klinke malen Sie mit einem Tuschefüller auf.
Aus dem Fensterrahmen (Strich-Punkt-Linie) schneiden Sie die beiden Öffnungen (Strich-Punkt-Linie) heraus. Anschließend wird das Fenster mit schwarzem Karton (punktierte Linie) hinterklebt. Befestigen Sie nun das Fenster und anschließend die große Grünfläche an der Wohnung.
Auf das Grasdach kleben Sie Schornstein, Schnecke und Beeren.
Die zweiteilige Axt wird am Spaltklotz fixiert und zusammen mit dem Spaltholz auf die Grünfläche geklebt.
Mit einem braunen Filzstift und einem Tuschefüller malen Sie die Rinde bzw. Holzmaserung auf.
Den Korb mit den Beeren und Nüssen stellen Sie im Gras ab.
Kleben Sie die Maus zusammen und malen Sie das Gesicht und die Trennlinien auf.
Zuletzt setzen Sie die Maus neben den Korb und umfahren die Grasbüschel mit Pluster-Pen.

Drachen- steigen

Abbildung auf der Umschlag-Rückseite

Am blauen Kartonring (mit dem Zirkel aufzeichnen) oben die Wolke und unten die Bodenfläche befestigen.
Kleben Sie bei den Mäusen Ohren und Vorderbeine an, und malen Sie Gesichter auf. Stellen Sie die beiden Mäuschen zwischen die großen Grasbüschel.
Am Wagen fixieren Sie die Deichsel, die Seitenleiten (punktierte Linien) und dann die Räder.
Von hinten beladen Sie ihn mit Beeren. Stellen Sie das Wägelchen im Vordergrund des Fensterbildes ab.
In den Drachen ein Loch stechen (siehe Vorlage) und einen Faden durchziehen.
Das kurze Fadenende kleben Sie auf der Rückseite des Drachens fest.
Von den vier Ecken zum eingestochenen Loch zeichnen Sie jeweils eine dünne, schwarze Linie in Fadendicke. Nun befestigen Sie den Drachen an der Wolke und geben der großen Maus die Schnur in die Pfoten.
Für den Drachenschwanz zeichnen Sie auf den blauen Himmelsbogen eine schwarze Linie und kleben die bunten Papierschleifen auf.